夢想職業系列

教師
實習班

新雅文化事業有限公司
www.sunya.com.hk

夢想職業系列

教師實習班

編　　寫：羅睿琪
插　　圖：步葵
責任編輯：劉慧燕
美術設計：李成宇
出　　版：新雅文化事業有限公司
　　　　　香港英皇道 499 號北角工業大廈 18 樓
　　　　　電話：(852) 2138 7998
　　　　　傳真：(852) 2597 4003
　　　　　網址：http://www.sunya.com.hk
　　　　　電郵：marketing@sunya.com.hk
發　　行：香港聯合書刊物流有限公司
　　　　　香港荃灣德士古道 220-248 號荃灣工業中心 16 樓
　　　　　電話：(852) 2150 2100
　　　　　傳真：(852) 2407 3062
　　　　　電郵：info@suplogistics.com.hk
印　　刷：中華商務彩色印刷有限公司
　　　　　香港新界大埔汀麗路 36 號
版　　次：二〇一六年七月初版
　　　　　二〇二四年一月第四次印刷

ISBN: 978-962-08-6585-5
© 2016 Sun Ya Publications (HK) Ltd.
18/F, North Point Industrial Building, 499 King's Road, Hong Kong
Published in Hong Kong SAR, China
Printed in China

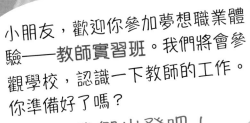

小朋友，歡迎你參加夢想職業體驗——**教師實習班**。我們將會參觀學校，認識一下教師的工作。你準備好了嗎？

我們出發吧！

目錄

參觀學校	4
不同的教師	6
教師的主要工作	8
教師工作的地方	10
和教師工作相關的人	16
認識優秀傑出的教師	20
延伸知識	22
如何成為一位教師？	24
小挑戰	26

學校裏有哪些設施和工作人員？一起來認識一下吧！

教員室

中文老師　數學老師

課室

英文老師

ABC

音樂室

音樂老師

校務處

校務處

校務處職員

校長室

校長

禮堂

校役

4

電腦室

識老師

視覺藝術室

視覺藝術老師

圖書館

圖書館主任

你就讀的學校裏也有這些設施嗎？

社工室

駐校社工

小賣部

$10　$15　$7

小賣部職員

操場

體育老師

不同的教師

數學有趣又實用，還可以讓你的腦筋更靈活呢！

學校裏有許多教師，負責教授不同的科目，他們都有豐富的知識呢！

我們來學好兩文三語吧！

數學老師
負責教授數學概念和運算方法，可用於日常生活，亦可作為鑽研其他學科的基礎。

我們可以透過學習認識世界！

語文老師
包括中文科、英文科和普通話科老師，負責教授語文的知識，讓學生掌握聽、說、讀、寫的能力。

常識老師
負責教授健康衞生、社會事務、環境、科技等範疇的知識，層面廣泛。

有強健的體魄，學習才能事半功倍！

除了教學外，有些教師還會兼顧學校的訓導和輔導工作。

體育老師

負責教授各種體育項目的知識和技術，讓學生在活動的過程中全面發展身心。

一起投入美好的藝術世界吧！

訓導主任

負責領導學校的訓導組，管理學生的秩序，執行校規。

音樂老師和視覺藝術老師

負責教授音樂及視覺藝術的知識和歷史，並指導學生實際參與藝術活動，培養創造力與審美能力。

輔導主任

負責領導學校的輔導組，並與駐校社工緊密合作，為遇到課業、人際關係，甚至家庭問題的學生提供輔導。

教師的主要工作

教師的工作一點也不輕鬆呢！一起來認識一下他們的主要工作吧。

用它來說明人體呼吸的原理吧！

準備教材

• 按照教學進度安排教學內容，並預備合適的教具。

教學

各位同學，請翻到課本第 10 頁⋯⋯

• 教授學生不同範疇的知識，並回應學生的提問。

安排功課及批改

• 為學生安排功課並仔細批改，以了解學生對知識的掌握程度。

籌辦課外活動

今天我們來參觀香港科學館！

- 安排校外參觀、興趣班、旅行等課外活動，讓學生在各方面平衡發展。

訓導和輔導學生

你和家明是好朋友，要好好相處啊。

- 留意學生的行為和情緒狀況，適時給予指導和勸勉。

陳太，晴晴在家的表現如何？

李老師，她常常只顧着玩遊戲機，不溫習功課呢⋯⋯

老師還需要與家長交流，以便全面了解學生情況，同時加強家校合作，提升教育成效。

教師工作的地方

投影機把老師在電腦中播放的影像投射出來,讓全班同學一起看。

課室

黑板是老師教學的好幫手,老師可把教學內容寫在黑板上給學生看。

我每天都在課室裏給同學們上課。

壁報板用作張貼同學出色的習作,或展示與特定教學主題相關的有趣資料。

電腦供老師用作播放教學簡報、影片和音樂等,以輔助教學。

操場

這是同學們上體育課，或小息、午休時活動的地方。

學生可善用飲水機多喝水，以補充活動時流失的水分。

操場上設有籃球架等體育設施，供上體育課及學生課餘時使用。

大家跟我一起做熱身運動吧！

為避免意外發生，靠近操場的一些柱子或會包上軟墊作防護。

如果遇上下雨天，同學們便會改到禮堂或有蓋操場活動和上體育課。

電腦室

除了電腦課外，其他科目的老師也可讓學生來這兒使用電腦搜尋資料，輔助學習。

打印機可用於打印黑白或彩色的文件，有的還具有影印及掃描功能。

功課打印好了！

伺服器與各電腦連接，以提供互聯網服務，及處理校內網絡的數據傳輸。

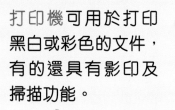

老師，怎麼這張圖片無法下載呢？

http://www.animals.com

你要先把游標移到這裏……

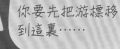

12

音樂室

這是上音樂課，或學校的合唱團、樂團練習的地方。

搖鼓

三角鐵

大家要留意樂曲的節奏，不用急。

鋼琴

響板

牧童笛

譜架

小知識

敲擊樂器

在音樂課上常見的鋼琴、三角鐵、搖鼓和響板都屬於敲擊樂器。敲擊樂器透過敲打、搖動、摩擦等方式發聲，為樂曲賦予節奏，相信是最古老的一類樂器呢！

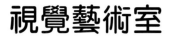

視覺藝術室

這是上視覺藝術課的地方。

儲物櫃內存放着不同的材料和工具，如畫紙、顏料、畫筆、紙黏土等，供不同的美術創作之用。

課室內設有洗滌槽，方便老師和同學取水開顏料和清洗畫具等。

老師常把同學優秀的作品張貼在壁報板上，以示鼓勵。

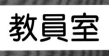

教員室

你好，我想找李一心的家長。

講解三角形特性時應該要強調這些地方……

4A班的作文功課表現不錯啊！

怎麼你上課時老是打瞌睡呢？

老師，對不起。

教員室是教師辦公和稍作休息的地方。

和教師工作相關的人

校長

校長是學校行政的最高負責人，負責學校日常營運有關的決策，確保學校有秩序地運作。

校長，請問你的工作是什麼？

我們需要聘請代課老師。

• 校長是教職員的主管，負責安排和管理教職員的工作。

明年的學校假期應該怎樣安排好呢？

• 負責決定學校日常運作上的事務，例如學校假期、上課時間等；並解決學校運作上遇到的問題。

不過一些學校的重大政策和涉及大筆款項的事務，便需通過學校董事會及家長教師會商議才能決定。

小知識

學校董事會是什麼？

它是一所學校或一批學校的最高權力核心，多由學校成立之時提供資本的人或機構所組成。

校務處職員

- 負責接待訪客。
- 記錄校務會議內容。
- 處理教學及行政所需的文件。

校役

- 負責打掃校園，維修設施及處理其他日常雜務。
- 兼任校園的保安，例如會在晚間留校當值，並巡邏校園。

圖書館主任

圖書館主任負責推廣校園的閱讀風氣，工作與圖書關係非常密切呢！以下這些都是我負責的工作。

從前有一隻小熊……

我想訂購這些書籍。

- 舉辦與閱讀相關的活動，例如：講故事比賽、閱讀周等。

- 定期為圖書館添置合適的書籍、雜誌等資源。

- 為學生辦理書籍借還手續。

- 整理書架，將歸還的書籍重新上架。

駐校社工

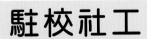

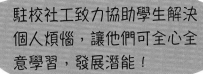

駐校社工致力協助學生解決個人煩惱，讓他們可全心全意學習，發展潛能！

別擔心，你慢慢說吧！

加油啊！快到終點了！

- 主動或在老師轉介下接觸受情緒困擾的學生，聆聽他們的煩惱，並加以輔導。

- 舉辦輔導活動，例如歷奇訓練營等，培育學生健康的心智發展。

小知識

社工的工作守則

　　社工的首要工作守則就是尊重受助者的獨特價值與自主權。進行輔導時，社工會盡量在尊重受助者的意願下為他們謀求最大的福祉，相關資料在一定範圍內會獲得保密。

認識 優 秀 傑 出 的教師

萬世師表 ── 孔子

孔子是中國偉大的教育家和哲學家，他的思想對亞洲甚至西方國家都有深遠的影響。

他原名孔丘，大約生於公元前 551 年，是東周春秋時代的魯國人。

「有教無類」是我的教學宗旨。

孔子曾在魯國擔任地方小官，三十歲左右開始廣招門生，傳授以仁義為基礎的儒家學說。他的學生來自社會各階層，而他會按照不同學生的資質教學，成為推動教育普及民間的先驅。

孔子周遊列國，傳揚自己的理念。公元前 479 年在曲阜泗水岸邊離世，終年七十二歲。他的弟子將他生前的教誨匯編成《論語》一書，如今人們還能夠藉由《論語》接受孔子的教導呢！

五個小孩的校長 —— 呂麗紅

早晨，快上車吧。

校長早晨！

呂麗紅是香港教育界名人，她全心奉獻，讓一間只有五名學生的幼稚園避過關門的命運。究竟她是如何做到的呢？

外號「神奇呂俠」的呂麗紅出身基層家庭，中學畢業後從事幼兒教育工作，並一邊工作，一邊完成教育學位課程。2008 年，她由於健康欠佳，決定提早退休，計劃與丈夫環遊世界，卻因在報章中得悉元朗錦田元岡幼稚園面臨殺校危機而改變主意。

當時只剩下五名學生的元岡幼稚園以港幣 4,500 元聘請校長，若無人應徵，幼稚園便要關閉。呂麗紅自動請纓，成為全港最低薪校長，一手包辦教學、校務，甚至接送學生，確保學生有接受教育的機會。

事件廣泛流傳後，各界紛紛捐款援助，而在呂麗紅用心經營下，學校漸漸贏得口碑，學生人數慢慢增加。後來，她的故事更被改編成電影呢！

延伸知識

認識「啞老師」

你認識「啞老師」嗎？它就是常見的學習工具——字典了！這位沉默不語的老師能讓你了解字詞的讀音和意義。一起來學習如何利用部首檢索，在字典裏找出生字的意思吧！

這個字是什麼意思呢？

請教一下「啞老師」吧！

使用字典的步驟：

人…P10

信

1 先找出字的部首，例如「信」字的部首是「人」，然後在字典的部首檢索表找出相應的頁數。

「信」字部首以外是「言」字，共七畫。

2 數一數部首以外的筆畫數目。

我找到「信」字啦！

3 根據筆畫數目，便能找到你要找的字了。

教師的搖籃 —— 香港教育大學

香港教育大學（前稱「香港教育學院」）是香港一所專門提供教師專業培訓的高等院校。小朋友，你知道它的歷史嗎？

香港早在 1853 年便有機構籌辦正規教師培訓課程，師範學校亦陸續成立。到 1994 年，政府決定將羅富國師範專科學校、葛量洪師範專科學校、柏立基師範專科學校、香港工商師範學院和語文教育學院合併，成為了香港教育學院。

香港教育學院專門培訓幼稚園、小學及中學教師，提供教育文憑、學位、碩士等課程，並有開設針對特殊教育需要的課程。此外，在職的教師亦可在此深造任教科目的知識。

直到 2016 年，香港教育學院獲批准授予大學名銜，正式改名為香港教育大學。

如何成為一位教師？

我長大後也想當教師啊！應該怎樣做呢？

那麼你就要培養以下的特質啦！

善於與人溝通

富有演說能力

有愛心

善於照顧年幼者

此外，你還要努力讀書，才能掌握教學所需的豐富知識和技巧呢！

細心和有耐性

成為教師之路

你也可在取得高級文憑、副學士學位或大學學位後先獲學校聘用，再向教育局申請成為准用教員，便可正式任教啦！

- 完成小學及中學課程。

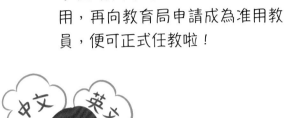

- 完成大學學位課程。

- 進修取得教育文憑。

- 正式獲聘為教師。

- 於專上學院就讀教育證書或教育文憑課程。

- 根據《教育條例》註冊成為合資格教師。

小挑戰

你知道他們是哪個科目的老師嗎？試根據圖畫提示，在 ☐ 內填上代表答案的英文字母。

A. 中文科　　B. 數學科　　C. 常識科　　D. 音樂科

疑問句的結尾需要加上問號。

1.

這是貝多芬的作品《命運交響曲》。

2.

海水被太陽蒸發到空中，形成雲⋯⋯

3.

我們可以利用量角器來量度角度。

4.

答案：1.A 2.D 3.C 4.B

以下的學生都需要幫忙，你知道他們應該找學校的哪一位成員嗎？請用線把學生和相應的答案連起來。

我想續借這本書呢。

我爸媽常常吵架，我很害怕啊！

我要為我們班製作網頁，要怎麼做呢？

儲物櫃的櫃門卡住了，打不開呀！

1.

2.

3.

4.

A. 電腦老師

B. 駐校社工

C. 圖書館主任

D. 校役

答案：1.C 2.B 3.A 4.D